收錄23道經典韓劇美食！

韓劇食堂

享用名場面料理，打開浪漫味蕾

著 本田朋美
　 八田靖史
繪 西村オコ

U0072725

前言

//

　　每次看韓劇時，總讓人不禁發出「天啊！」的讚嘆，身體不自覺地扭動。情侶之間甜蜜的互動和令人心跳加速的劇情固然吸引人，但除了令人心跳加速的畫面外，劇中那些令人高呼「看起來好好吃！」的美食也是韓劇的一大魅力。為什麼韓劇中總會出現令人印象鮮明又吸引人的料理呢？

　　韓劇中常出現各種充滿美食的場景，像是和家人一起圍在飯桌前、在時髦咖啡廳或餐廳約會、和同事一起吃燒肉、在高級餐廳密會、在陽台一口乾掉燒酒喝個爛醉等等，或是於劇中穿插置入性廣告，總讓人恨不得和演員們一起大快朵頤一番。

　　現在韓劇大受矚目，日本也正值第 4 波韓流熱潮，想必許多人都樂於窩在家裡觀看韓劇。而知名韓劇中，更是常常出現令人食指大動的美味料理。「好想試試看《愛的迫降》中，正赫做的手工玉米麵」、「《梨泰院 Class》中招牌料理嫩豆腐鍋（辣味豆腐鍋）和加入整隻魷魚料理的海鮮湯，簡直讓人魂都被勾走了」、「在看《雖然是精神病但沒關係》時，好想和文英

一起用筷子戳醬醃鵪鶉蛋」。各位的心聲我都明白！

　　這本書就是由兩個非常懂這種感受的貪吃鬼所寫下的。正是因為想試試韓劇中的各種美食，才製作了這本食譜。

　　因此在欣賞韓劇的同時，我們嚴選食材、配菜，重現劇中的料理。重現道地的口味之餘，也努力選擇食材、調味料、料理方式，讓大家在家中也能輕鬆料理。

　　此外，本書會以專欄的方式呈現關於料理的小故事。希望各位都能藉此在家中打造專屬的「韓劇食堂」。

Contents

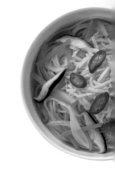

《梨泰院Class》
甜栗招牌嫩豆腐鍋 ⋯⋯⋯ 18

《梨泰院Class》
賢利的哭哭魷魚海鮮湯 ⋯⋯⋯ 22

《愛的迫降》
正赫特製玉米麵 ⋯⋯⋯ 26

《雖然是精神病但沒關係》
文英最愛的醬醃鵪鶉蛋 ⋯⋯⋯ 30

《機智醫生生活》
酪梨滿滿鬆厚雞蛋三明治 ⋯⋯⋯ 34

Contents

※ 依據視聽者使用的軟體、影音平台不同，
　韓劇的集數和人物名、地名也會有所不同。

韓式料理基礎知識

湯類料理偏多

　　韓式料理中，飯和湯是基本組合。

　　韓文的「飯」跟日文的「飯」同義。可以表示米飯，也可以用來表示「一餐」的意思。

　　韓式料理的特徵就是配餐或米飯的湯非常豐盛。日本餐點通常會附上味噌湯，韓國也習慣在餐間附湯。盛滿大碗公的湯稱為「국（guk）」或「탕（tang）」；而水分較少、料較多，並經過充分燉煮的則為韓式燉湯「찌개（Jjigae）」。這三種湯類的代表性食物分別為海帶湯（P46）、雪濃湯（牛骨湯）、嫩豆腐鍋（辣味豆腐鍋，P18）。

為什麼那麼多辛辣料理？

　　一提到韓式料理，第一個印象就是紅、辣。許多料理都和泡菜、嫩豆腐鍋一樣，會使用辣椒。除了辣椒粉之外，有時還會加入更辣的青辣椒，甚至還會直接拿辣椒沾著味噌吃。

　　其實，韓國人並非自古就以辛辣料理為

主。一直到16世紀後期至17世紀，辣椒才傳入朝鮮半島。且辣椒入菜的最早紀錄為18世紀後期，算起來也只有250年左右的歷史。因此我們能發現在時代劇中，幾乎不會看到紅通通的料理。

　　至於為何會開始使用辣椒的原因則眾說紛紜。其中一說便是來自於韓式料理「五味五色」的概念。這個概念奠基於自中國傳來的陰陽五行思想，韓國人認為均衡攝取「酸、苦、甜、辣、鹹」五味，與「綠、紅、黃、白、黑」五色的食物有益身心健康。

　　辣椒的紅與辣不僅是飲食中的重要元素，還是會附身於人類、食物上的惡鬼所厭惡的食材。在預防疾病及食材腐壞上，辣椒同樣扮演著重要的角色。

與時俱進的韓式料理

　　韓式料理正在世界中嶄露頭角。除了傳統飲食文化之外，近年韓國的時髦咖啡廳文化、上相的甜點、速食、便利商店美食等也備受矚目。此外，在異國美食中加入韓國元素的作法，也成為製造當紅美食的公式。如韓式炸雞（P74）、加起司的美式熱狗等，許多新式料理都透過社群媒體爆紅。

　　觀賞韓國的現代劇時，也會看到許多時下韓國人喜愛、或是即將引領美食風潮的料理。這些令人印象深刻的美食多半是為了置入性行銷，但只要納入口袋名單中，下次有機會去韓國旅行時就能派上用場了！

使用的食材

泡菜

　　泡菜是韓國餐桌上不可或缺的配菜，也時常被使用在料理之中。無論是加入嫩豆腐鍋，或是用來炒菜、煮魚都非常美味。

　　將泡菜當作食材加熱烹煮時，建議使用經充分發酵的熟成泡菜。原本難以入口的酸味在經過烹煮後，將變得較為溫和。經過加熱這道手續後，味道也會變得更具層次。韓國將這種熟成泡菜稱為「陳年泡菜」，在韓國的超市裡就有販售。

　　若泡菜發酵過頭、口味過酸時，可先將泡菜上沾附的辛香料洗淨後再使用。畢竟若直接丟掉就太可惜了。

韓國海苔

　　韓國海苔的作法是在乾燥海苔片塗上麻油，烘烤後再灑上鹽巴，充滿香氣，可以直接當作一道配菜或是零食。韓國人常會將撕碎的韓國海苔加入鍋中拌炒至香鬆狀，或用來煎蛋捲（P70），最常用於製作韓式飯捲（P50）。

年糕（打糕、韓式年糕）

韓國年糕多半以蓬萊米製作，而非糯米。條狀的年糕常用來做甜甜辣辣的辣炒年糕（P78）；扁扁的片狀年糕則常用來和牛骨湯一起燉煮成年糕湯。在日本，將條狀年糕稱為「韓式年糕」，片狀年糕稱為「打糕」。

泡麵、純泡麵

韓國人食用的泡麵數量為世界第一，每人每年會吃下約75.2包泡麵（2019年日本人年均食用泡麵量約45包）。除了直接烹調辛拉麵等知名品牌泡麵，韓國人也時常將泡麵加入部隊鍋（P90）等鍋物料理中。另外還有販售專門用來入菜、未附調味粉的純泡麵。

韓國芝麻葉

雖然韓國芝麻葉的外觀神似紫蘇，但一吃便會知道兩者的香氣截然不同。韓國芝麻葉的用途很廣，可以用來包燒肉或生魚片、以醬油醃漬配飯，或切碎作調味使用。

魚板

在韓國，魚板是一項冬季熱門美食，口感類似台灣黑輪或甜不辣。小吃攤販會用竹籤將之串成串來販賣，很適合用來充飢。此外，也會以拌炒的方式製成「炒魚板」。

使用的調味料

辣椒粉

乾燥紅辣椒所磨成的粉末。日製純辣椒粉和鷹爪辣椒等的辣度較高,因此料理時可選用異國辣椒粉,或直接使用韓國產辣椒粉較為合適。品質好的辣椒粉會帶甜味,也能讓料理的顏色更加鮮豔。除了可以用來做鍋物料理、炒菜、燉煮料理、泡菜、醃漬料理外,也常被用來製作洋釀醬汁。

韓式辣醬

以糯米、麥芽、大豆、辣椒粉、鹽等原料製作而成的辣椒醬。辛辣中還帶有濃厚的甜味,味道十分濃郁。除了常用於鍋物、炒菜等料理之中,也能用來當作韓式拌飯的醬料(P98)。

大喜大

韓國知名食品大廠CJ所出的高湯粉,可說是韓國家庭常備品。除了最知名的牛肉高湯粉之外,還有出蛤蜊、小魚乾等口味的高湯粉。「大喜大」在韓文中有「好吃到令人讚嘆」之意。

替代調味料

可用來替換本書料理的調味料！

醬油

　韓國醬油分燉煮用的偏甜陳年醬油，以及煮湯、涼拌用的偏鹹湯醬油。本書料理可用濃口醬油代替陳年醬油；淡口醬油代替湯醬油。

魚露

　泰式魚露可以代替韓式料理中常用的鯷魚魚露和韓國蝦醬，相當方便。推薦以鯷魚為原料、不加糖的泰式魚露。

味醂

　製作韓式料理時，為了增加甜味，常會加入砂糖、麥芽糖、寡醣、自家製作的梅精等調味料，這些皆可以用味醂代替。講究的人可以自製梅精。將初夏當季的青梅與等量砂糖放入罐中密封醃漬，置於陰涼處約100天，待熟成後梅精就製作完成了。

洋釀是什麼？

　韓文中，洋釀就是「調味料、沾醬」的意思。不同於日式料理習慣將調味料一樣一樣加入，韓國人會事先調和好醬油、酒、砂糖、麻油、辣椒粉、大蒜、薑、蔥、芝麻粉等調味食材，再用於料理中。

　這些含有醬料的料理，常被稱為「洋釀○○」。其中又以加入辣醬的「洋釀炸雞」，以及醃漬的「洋釀醬蟹」最具代表性。有些人也會直接把醬燒的料理方式稱為洋釀。

　由於不確定語源，洋釀並無固定漢字，也會使用「藥念」、「藥簾」來稱呼。

洋釀炸雞和原味炸雞

使用的用具

餐具

飯碗

　　雖然在韓國家庭中會使用陶瓷飯碗，但在餐廳中多使用不鏽鋼製的餐具。由於不鏽鋼會導熱，若用手端會燙手。不過韓國並沒有端著碗吃飯的習慣，所以不用怕燙。在韓國端著碗吃飯反而會給人一種貪吃的形象，請務必留意。

筷子與湯匙

　　在韓國筷子與湯匙是一個組合。雖多為金屬製，不過有時也會使用免洗筷和塗漆的筷子。在韓國吃飯、喝湯時使用湯匙，吃菜時使用筷子。平時應將餐具直立擺在桌子的右側；湯匙在左，筷子在右。

飯饌碟

　　飯饌即為小菜的意思。在韓國，飯桌上排滿小菜為悉心款待的象徵，甚至有「飯饌多到壓斷桌腳」的諺語。雖然韓國對於盛裝小菜的器皿並沒有固定的規範，但餐廳中盛裝小菜器皿的款式多半大同小異。

料理用具

小鋁鍋

　　煮韓式燉湯、泡麵時常會使用到的鍋具。多半做成能煮1人份泡麵的大小，在料理後能直接端上桌、就著鍋子吃。居酒屋、攤販則會直接將豆芽湯、貽貝湯等料理盛入這種鍋子，作為附湯。

砂鍋

　　韓式砂鍋的保溫性高，非常適合小火燉煮後直接端上桌吃。尺寸從1人份至數人份都有。除了用來烹煮嫩豆腐鍋（P18）等鍋類料理外，也可用來料理水分較多的韓式烤牛肉、炒菜、燉菜類料理。由於沒有鍋柄，購入時建議一併購買夾鍋器和墊在餐桌的隔熱墊，會方便許多。

剪刀

　　在韓國無論是在廚房還是餐桌上，都常常出現剪刀。雖然韓國也會使用菜刀，但在處理容易染色的泡菜、鐵板上的烤肉、器皿中的冷麵、韓式煎餅等食物時常會使用剪刀。此外，韓式料理中常需剪成三層塊狀肉（如：烤豬五花），因此偏好刀刃較長的剪刀。

聖地巡禮！
韓國在地美食

**從豐富的韓劇取景地瞭解韓國各地背景，
讓韓劇中的在地美食美味升級！**

　　首爾作為首都，當地美食可說是韓國飲食文化的最前線。韓國現代劇中，常出現首爾時下最流行的料理與咖啡廳等等。首爾每一區的風格都十分鮮明。如《梨泰院Class》的梨泰院熱鬧又充滿國際色彩；《愛的迫降》中世理所居住的清潭洞是精品店林立的富人區；《請回答1994》的合宿則位於新村的大學街。1394年，朝鮮王朝遷都首爾，因此如《雲畫的月光》等以朝鮮時代（1392～1910年）為舞台的時代劇中，首爾則扮演了國王身處的首都。

　　京畿道圍繞在首爾外圍，其北部臨界南北韓軍事分界線，雙方士兵都鎮守於此處的板門店。《愛的迫降》中開城村落距離板門店僅約8公里，相距不遠；《一起吃飯吧》中登場的部隊鍋（P90），即是京畿道北部議政府市及南部松炭的名菜。另一方面，京畿道面西海岸處則有仁川國際機場。仁川不僅是《來自星星的你》的拍攝地，《油膩的Melo》中登場的炸醬麵（P106）也發源自此。

　　忠清道位於韓國中西部，公州、扶餘曾是百濟王國古都，而成為知名的觀光地。其西海岸有廣闊的淺灘，出產花蛤、文蛤、梭子蟹等特產。《山茶花開時》的虛構場景邕山醬蟹街，就設定在忠清道西海岸的港都。而《三流之路》中，東萬和愛羅也曾在位於忠清道的大川海水浴場所舉辦的扇貝祭中大啖名產烤貝料理。《青春紀錄》中正河出差擔任化妝師時所去的沙灘，也是大川海水浴場。

　　全羅道位於韓國西南部，擁有韓國最大的糧食產區湖南平原，以優質好米與蔬菜聞名，韓式拌飯（P98）因此成為其主要城市全州的特色菜。全羅道與東南部慶尚道的關係勢同水火，從《請回答》系列中的東鎰（全羅南道谷城郡人）、一花（慶尚南道昌原/馬山市人）夫妻，和《請回答1994》中海太（全羅南道順天市人）與三千浦（慶尚南道泗川/三千浦市人）的鬥嘴場面就可以略知一二。

首都 首爾 ★

京畿道

忠清道

全羅道

내 이름은 김삼순

濟州道

北韓位於朝鮮半島北部，正式名稱為朝鮮民主主義人民共和國。1950～1953年爆發韓戰，導致南北韓分裂。雖已停戰，卻從未正式結束。兩國出身同源，雖有方言上的差異，仍可溝通無礙，且擁有許多共同歷史。然而，分開70年造成很大的隔閡，人民之間並不熟悉彼此的生活方式。《愛的迫降》中詳盡描寫了北韓生活，並介紹當地料理玉米麵（P26）、汽油燒蛤蜊、大同江啤酒等對南韓來說非常陌生的飲食文化。

江原道位於韓國東北部，自然景觀豐富，八成以上的面積都為山林所覆蓋。《愛的迫降》中理搭滑翔傘的場景，就是在寧越山區所拍攝的。江原道東海岸區域有許多海水浴場，如《她很漂亮》中成俊和惠珍前往探勘的江陵海灘；《鬼怪》中金信和恩倬相遇的注文津碼頭等等，充滿了風光明媚的景點。《雖然是精神病但沒關係》的背景城津市也位於江原道，尚泰最愛的什錦麵中滿滿的貽貝，就是這裡的名產。

慶尚道位於韓國東南部。《花郎》背景新羅王京就是現在的慶州；港都釜山以及《金祕書為何那樣》中英俊和微笑約會的地點大邱等都市都位於此。相較於首爾，慶尚道的地方色彩濃厚、方言盛行，除了在《請回答》系列中有提及，《機智醫生生活》中翊晙和政源的台詞中也有類似的描述。飲食方面，《雙甲路邊攤》中曾出現的安東鹽烤鯖魚和東海岸可捕捉到的海鮮都是慶尚道的名產。浦項的松葉蟹街則是《山茶花開時》的拍攝地。

濟州道位於韓國南部，由主要島嶼濟州島和周邊離島組成，過去曾是獨立國家——耽羅。擁有與韓國本島截然不同的獨特文化，如：地底三神建國神話、守護神石爺等。飲食文化方面，當地特產為海女捕撈的鮑魚、海膽、海螺等海產。在《我叫金三順》中，也有描述三順和振軒攀爬韓國最高峰漢拏山（1947m）時，品嚐當地料理海膽海帶湯的畫面。

從下一頁開始
介紹食譜！

甜栗招牌
嫩豆腐鍋

水嫩的豆腐與
蛤蜊是關鍵所在！

料理時間 約 **15**分鐘

難易度 ★☆☆☆☆

단밤
Honey night

好想在甜栗工作…

登場集數…

第 **7** 集

宿敵
張大熙來店！

張大熙突然來到小酒館「甜栗」。吃完甜栗招牌菜嫩豆腐鍋和豆芽炒五花肉後，對世路撂下狠話：「我滿懷期待而來，但看來你們還不是長家的對手。」

劇中也曾登場的「豪華版嫩豆腐鍋」

一般的嫩豆腐鍋只有加入蛤蜊、洋蔥與雞蛋，十分陽春。第11集的料理對決中，賢利則做了加入水煮章魚、蝦、貽貝的豪華版嫩豆腐鍋。

食材（1人份）

- 朧豆腐 ································· 100g
- 冷凍綜合海鮮
  （內含蛤蜊）················· 100g
- 水 ································· 200ml
- 魚露 ································· 1茶匙
- 雞蛋 ································· 1顆
- 洋蔥（中）····················· ¼顆
- 韭菜 ································· 1根
- 大蔥 ································· ⅛根
- 麻油 ································· ¼大匙
- 味噌 ································· 1茶匙

- 鹽 ································· 適量
- A ┌ 辣椒粉 ················· ½大匙
  ├ 蒜泥 ··················· ½茶匙
  └ 醬油 ··················· ¼大匙

選擇含有蛤蜊的綜合海鮮！

作法

1. 用水沖洗事先解凍的綜合海鮮。

2. 將洋蔥切成薄片、大蔥斜切，並將韭菜切成5公分段。

3. 將麻油倒入鍋中，並以中火拌炒洋蔥。待洋蔥變透明後，將事先攪拌過的醬料A加入拌炒。

將洋蔥與醬料A一起拌炒。

COLUMN

名揚世界的美味祕訣

　　嫩豆腐鍋是充滿世界與父親回憶的一道料理。從最後一集中可以得知，嫩豆腐鍋中加入了黃豆粉調味。這是世路爸爸所傳授的祕方，也是這道嫩豆腐鍋能在寒冷的日子裡暖和身體的原因。世路之所以能做出滲透人心的調味，想必也是因為曾歷經過千辛萬苦的緣故吧。

風乾中的黃豆麴

　　嫩豆腐鍋在本劇中扮演著招牌菜的重要角色，與知名連鎖餐飲店「長家」互相競爭成長。雖然嫩豆腐鍋在韓國原本是一道再平凡不過的家庭料理，但自1980年代以後，這道料理卻開始在美國嶄露頭角。以洛杉磯韓國城為首，嫩豆腐鍋開始慢慢增加了外食型態。不僅用料的選擇增加，連辣度也可以選擇，甚至開始出現搭配烤肉的套餐組合，可說是在國外知名度最高的韓式料理。而打著LA風格旗幟的嫩豆腐鍋專賣店也傳回韓國開店，並進而傳入日本。這麼看來，其實世路將嫩豆腐鍋推向國際的策略頗具可行性。

　　本劇除了劇情內容受到世界各地的歡迎，劇外也提升了嫩豆腐鍋的知名度。只要一搜尋，就會發現許多英、中、泰文等的食譜及影片。本書也是其一，這說不定也是世路的策略之一呢。

4. 接著加入水和魚露，轉為大火。待煮滾後轉中小火，並蓋上鍋蓋燉煮5分鐘左右。

5. 將綜合海鮮、朧豆腐加入鍋中，轉為中火。綜合海鮮熟了之後，加入味噌、韭菜、大蔥滾一下。試味後若覺得不夠鹹，可加入鹽調味。最後關火，並打一顆蛋入鍋。

完成

嚴格的以瑞與努力的賢利
辛苦的結晶！

切痕
就像一張哭臉！

《梨泰院Class》

賢利的
哭哭魷魚海鮮湯

料理時間 約 **25** 分鐘
難易度 ★★★☆☆

奮發圖強
和魷魚一起又哭又笑

賢利身為主廚被世路寄予厚望。在試味階段，以瑞也從一開始的不認可，到最後說出「好吃」的評價，讓在背後默默支持的昇權和根秀不禁擊掌。

진짜 맛있어요

表情引人矚目的「哭哭魷魚海鮮湯」

正式菜名為「悲傷魷魚海鮮湯」。甜栗菜單上的描述則為「一隻魷魚的犧牲，成就了這碗海鮮滿滿的海鮮湯」。雖然對魷魚很抱歉，但看起來還真好吃！

食材（1人份）

- 魷魚（可切成圈狀）⋯⋯⋯ 1隻
- 帶頭蝦 ⋯⋯⋯⋯⋯⋯⋯⋯ 2隻
- 冷凍貽貝 ⋯⋯⋯⋯⋯⋯⋯ 2個
- 洋蔥 ⋯⋯⋯⋯⋯⋯⋯⋯⋯ ⅛顆
- 大蔥 ⋯⋯⋯⋯⋯⋯⋯⋯⋯ ⅛根
- 鴻禧菇 ⋯⋯⋯⋯⋯⋯⋯⋯ ¼包
- 韭菜 ⋯⋯⋯⋯⋯⋯⋯⋯⋯ 1根
- 冷凍稻庭烏龍麵 ⋯⋯⋯⋯ 1球
- 水 ⋯⋯⋯⋯⋯⋯⋯⋯⋯ 400㎖

- 魚露 ⋯⋯⋯⋯⋯⋯⋯⋯ ½大匙
- 鹽 ⋯⋯⋯⋯⋯⋯⋯⋯⋯ 適量
- 胡椒 ⋯⋯⋯⋯⋯⋯⋯⋯ 少許
- 麻油 ⋯⋯⋯⋯⋯⋯⋯⋯ ¼大匙

A
- 辣椒粉 ⋯⋯⋯⋯⋯⋯⋯ 1大匙
- 蒜泥 ⋯⋯⋯⋯⋯⋯⋯⋯ 1茶匙
- 醬油 ⋯⋯⋯⋯⋯⋯⋯⋯ ½大匙

COLUMN

讓人意猶未盡的甜栗料理

　　甜栗有許多功夫菜。第7集中做給張大熙會長吃的「豆芽炒五花肉」就是其中之一，以蠔油提味為這道菜增添了一分甜和濃郁。

　　而第12集中，因東尼失手加錯調味料而誕生了「咖哩紅蛤湯」這道菜。這本來是一道在貽貝高湯加入青辣椒、口味辛辣的料理，加入咖哩風味之後，卻帶來了令人意想不到的變化。

　　除此之外，店內還有加入整隻魷魚的貽貝鍋、汆燙魷魚佐辣椒醋製味噌、鱈魚乾和魷魚腳拼盤等菜單。可見魷魚的出場率非常高。

豆芽炒五花肉

1. 用水稍微沖洗事先解凍的冷凍貼貝。

2. 將洋蔥切成薄片、大蔥斜切,並將韭菜切成5公分段。將鴻禧菇的根部切除,並剝成適宜的大小。

3. 以牙籤挑掉帶頭蝦的腸泥,並用剪刀剪去蝦腳和蝦鬚。將魷魚鬚連同內臟從魷魚的身體取出,並把骨頭拿掉。將內臟與魷魚鬚分開,丟掉內臟。用剪刀在魷魚身上剪4刀。

4. 將麻油倒入鍋中,並以中火拌炒洋蔥。將事先攪拌過的醬料 **A** 加入並拌炒。待炒勻後加入水和魚露並轉大火,待滾後轉為中小火。蓋上鍋蓋後煮5分鐘左右。

5. 將冷凍稻庭烏龍麵以600w微波3分鐘左右。

6. 將貼貝、帶頭蝦、魷魚、鴻禧菇加入鍋中。待食材熟後,加入大蔥、韭菜煮一下,再加入胡椒與鹽調味。

7. 將烏龍麵盛入容器,並將步驟 **6** 的湯與料倒入容器中。

抓住魷魚身體部分,並剪一刀。

以同樣方式剪4刀,刻出哭泣的表情。

正赫竟然會做手打麵!!

《愛的迫降》

正赫特製玉米麵

料理時間 約 **25**分鐘

難易度 ★☆☆☆☆

滑溜的玉米麵！

第**2**集

正赫親手做料理 招待世理

第2集的開頭，既帥氣又擅長料理的正赫就已打動了觀眾。從親自製作的麵條和切得細緻的配料，可以看出正赫一絲不苟的個性！而在第9集中也能發現他的好手藝是來自母親。

北韓當地美食「玉米麵」

玉米麵是一道在北韓相當受歡迎的味噌口味麵食料理。由於是北方當地美食，在南韓相當少見。

食材（1人份）

- 玉米麵 ················· 1人份
- 水 ·················· 400㎖
- 魚露 ················· ½ 大匙
- 味噌 ················· 1 大匙
- 蛋液 ················· ½ 顆蛋
- 香菇 ·················· 1 朵
- 胡蘿蔔 ················ ¼ 根
- 洋蔥（中）············· ¼ 顆
- 馬鈴薯（中）··········· ¼ 顆
- 大蔥 ················· ⅛ 根

- 鹽 ·················· 少許
- 沙拉油 ··············· 1 茶匙
- 紅辣椒（盛盤後加入）······ 適量

網路商店
就能買到玉米麵，
也能用涼麵代替！

COLUMN

北韓有什麼特色料理？

南北韓原為同一個國家，包括語言在內，擁有許多共同文化。然而，韓戰過後南北韓長時間分裂，漸漸出現許多文化差異。

舉例而言，北韓人喝酒時會以汽油燒蛤蜊（第4集）、鱈魚乾（第5集）作為下酒菜。第5集中世理想吃的「玉流館」冷麵，以及第6集的「大同江啤酒」，也都是北韓的代表性食物。由於方言的關係，南北韓在用字上有巨大的差異。如甜甜圈在北韓稱作「戒指麵包」；便當則稱為「盒飯」。《愛的迫降》中出現了許多令韓國人看了非常驚訝的台詞，重現了北韓的真實風貌。

「玉流館」冷麵

作法

1. 將洋蔥與去掉柄的香菇切片,胡蘿蔔和馬鈴薯切絲,並斜切大蔥和辣椒。

2. 將蛋液加入鹽拌勻。沙拉油倒入平底鍋後,以廚房紙巾將之抹勻,並轉為中火。將蛋液倒入鍋中煎成薄薄的蛋皮,待冷卻後切成長度5公分的蛋絲。

3. 將水與魚露加入鍋中,轉為大火。待水滾後加入香菇、胡蘿蔔、洋蔥、馬鈴薯後轉為中小火。煮3分鐘左右後,放入味噌、大蔥,待煮滾後關火。

4. 用另一個鍋子,照包裝指示煮玉米麵。煮好後放入濾網,以水沖洗後將水瀝乾。

5. 將玉米麵放入容器,並將步驟3的配料鋪在麵上後倒入高湯。最後以蛋絲和辣椒裝飾。

玉米麵煮好後以水沖洗。

盛盤。

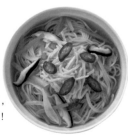

玉米麵先不要煮太軟,
加湯一起煮會更入味!

願意幫忙夾蛋的文鋼太！

《雖然是精神病但沒關係》

文英最愛的
醬醃鵪鶉蛋

料理時間 約**10**分鐘

難易度 ★☆☆☆☆

辣味濃郁
超下飯！

默默幫忙夾蛋的
貼心舉動

文英因無法夾起滑溜溜的鵪鶉蛋，而感到煩躁。鋼太看到這一幕，默默幫文英將蛋夾到飯上。在韓國，小菜必須用筷子夾，飯則必須用湯匙吃。因此當鵪鶉蛋擺在飯上時，就能直接以湯匙食用了。

사이코지만 괜찮아

和牛肉一併燉煮也很美味的「醬醃鵪鶉蛋」

韓文中，若將醬醃鵪鶉蛋（메추리알장조림）的「鵪鶉蛋（메추리알）」去掉，就會變成醬牛肉料理（장조림）。

食材（2人份）

● 鵪鶉蛋（水煮）⋯⋯⋯⋯ 20顆
● 青辣椒 ⋯⋯⋯⋯⋯⋯⋯ 6根
● 水 ⋯⋯⋯⋯⋯⋯⋯⋯ 100㎖
● 醬油 ⋯⋯⋯⋯⋯⋯⋯ 2大匙
● 砂糖 ⋯⋯⋯⋯⋯⋯⋯ 1大匙
● 蒜泥 ⋯⋯⋯⋯⋯⋯⋯ ½茶匙

作法

1. 將鵪鶉蛋以濾網撈起並瀝乾。

2. 摘掉青辣椒蒂頭，用牙籤在辣椒上戳一、兩個洞。

3. 將水、醬油、砂糖、蒜泥加入鍋中並開大火。待煮滾後轉為中火，將鵪鶉蛋和青辣椒放入鍋中。沸騰後關火，使鵪鶉蛋浸泡入味。接著將鵪鶉蛋放入冰箱中浸泡1小時左右後裝入容器。

完成

用牙籤在青辣椒上戳洞。

讓鵪鶉蛋浸泡入味。

尚泰、鋼太的早餐

　　尚泰、鋼太兩兄弟從小相依為命,早已習慣為自己打理三餐。第6集、第8集與最後一集中,都曾出現鋼太俐落準備早餐的畫面。

　　仔細觀察餐桌上的菜色後,會發現除了文英愛吃的醬醃鵪鶉蛋之外,還出現了許多經典的早餐菜色。像大醬湯、韓式煎蛋捲(P70)就是固定班底,有時雞蛋會換為荷包蛋的作法。而香腸也是常客;有時會加入蛋液做煎香腸(P62),有時則會加入蔬菜一起炒。大家可以試著製作上述菜色,並配上白菜泡菜,在家享受《雖然是精神病但沒關係》特製套餐。

　　劇中還出現了許多實際存在的店家。載洙開的披薩店就是一間叫「PIZZA ALVOLO」的店,本劇外景選在驛三直營店拍攝。其中還有一款披薩叫作「八字披薩」,一張披薩可以選擇8種不同的口味。

　　這8種口味分別為南瓜沙拉、蒜味鮮蝦、墨西哥辣椒、鳳梨、培根、玉米、義式臘腸、辣味雞肉,色彩繽紛的用料讓人看了食指大動。除此之外,還使用了義大利傳統的格拉娜帕達諾起司,以及黑米所製作的麵團,十分別出心裁。

　　劇中位於城津市、深受尚泰喜愛的炒碼麵店「賀琳覺」,其實在江原道寧越郡有實際的店面。而文英所住的受詛咒的城堡,以及第9集中登場的吊橋等多處拍攝地也都位於江原道。大家不妨跟著劇中角色,一起來一場聖地巡禮吧!

酪梨滿滿鬆厚
雞蛋三明治

奶油吐司
香氣四溢!

料理時間 約**30**分鐘
難易度 ★★★★☆

우주는 아빠홀릭 ♡

我們也是羽朱的粉絲！

登場集數…

第 **4** 集

再來一份！

翊晙和兒子羽朱一起去吃三明治。羽朱向爸爸推薦了「火腿起司」口味，自己則選擇了加入滿滿酪梨的「酪梨狂熱者」口味。翊晙問羽朱之前是否曾來過這間三明治店，羽朱回答他和女友莫奈一起來過。

因超上相爆紅的「雞蛋三明治」

翊晙和兒子羽朱去的三明治專賣店，是一間叫作「EGG DROP」的店。布里歐吐司中夾入炒蛋，再加上繽紛的配料和醬料，十分受歡迎。

食材（1人份）

- 厚片吐司 …………………… 1片
- 酪梨 ……………………… 1顆
- 檸檬汁 …………………… 少許
- 雞蛋 ……………………… 2顆
- 牛奶 …………………… 1大匙
- 鹽 ………………………… 一小撮
- 奶油（有鹽）……… 1又½大匙
- 乾燥巴西里 ……………… 適量

A
- 美乃滋 …………………… 1大匙
- 檸檬汁 ………………… ½茶匙
- 鹽 ………………………… 一小撮
- 胡椒 ……………………… 少許

B
- 美乃滋 …………………… 2大匙
- 醋 …………………………… ½大匙
- 煉乳 …………………… 1茶匙
- 鹽 ………………………… 一小撮

COLUMN

雞蛋三明治旋風

　　近年來，韓國爆發了一股來自外國的三明治熱潮。除了台灣的洪瑞珍三明治進軍韓國、越南的粄米（法國麵包三明治）專賣店急速展店，連日本的豬排三明治與厚蛋三明治也蔚為話題。

　　其中突然人氣爆棚的是以美式口味為主軸的「EGG DROP」，夾入滑嫩炒蛋的三明治大受歡迎，在眾多外國三明治店中異軍突起，吹起了一股「雞蛋三明治旋風」，使得許多三明治專賣店的後起之秀也跟進開店。2020年7月，美國當地品牌「eggslut」則帶著嫩蛋漢堡進軍韓國，使競爭更加白熱化。而這股熱潮也延燒到了日本。韓式雞蛋三明治專賣店在東京、大阪等地快速展店。前述的「eggslut」更是在2019年9月便早韓國一步在東京新宿開了一號店，這股熱潮想必會在日本持續升溫。

作法 //

1. 為了夾餡,需先從上方將吐司剖開 ¾,並事先將奶油分為 3 份 ½ 大匙的量。

2. 去掉酪梨籽及皮,將酪梨切為兩半,並將其中一半切為 5 公釐片狀。為避免變色,在酪梨上淋上檸檬汁。

3. 將另一半酪梨用叉子搗碎,加入 A 調味,製作酪梨醬。

4. 開中火,並將 ½ 大匙奶油加入鍋中融化。放入吐司,煎完單面後,再將 ½ 大匙奶油放入鍋中煎另一面。

5. 將雞蛋打入碗中,加入牛奶、鹽並混合均勻。開大火,將 ½ 大匙奶油加入溶解,並加入蛋液一口氣攪拌,製作軟嫩的炒蛋。

6. 將酪梨醬塗在步驟 4 煎過的吐司內,接著夾入炒蛋及酪梨。並將混合後的 B 美乃滋淋上酪梨,撒上乾燥巴西里。

將吐司剖至 ¾。

將半個酪梨縱切成片狀。

也可使用 2 片
一般厚度的
吐司!

《山茶花開時》

山茶花酒吧招牌
醬汁滿滿辣炒豬

韓國芝麻葉
是這道菜的靈魂！

料理時間 約 **20** 分鐘

難易度 ★☆☆☆☆

동백꽃 필 무렵

勇
識
柊
柏

!! !!

登場集數...

第 4 集

下飯也下酒

柊柏獨創的山茶花酒吧招牌菜。這道菜自第1集勇識的歡迎會中初次登場後，便時不時穿插在故事之中。第4集中，鐘烈在吃這道菜時不僅追加了一碗白飯，還津津有味地撈鍋底的醬汁吃。

各地都有專屬風味的「辣炒豬肉」

每個地方都有自己獨特的辣炒豬肉，柊柏做的是東南部慶尚道的辣炒豬肉，最後撒上韓國芝麻葉碎是他的獨創作法。

食材（2人份）

- 碎豬肉 ·················· 200 g
- 洋蔥（中）··············· ½ 顆
- 大蔥 ····················· ¼ 根
- 韓國芝麻葉 ··············· 2 片
- 水 ····················· 200 ㎖
- 沙拉油 ················· ½ 大匙
- 紅辣椒（盛盤時加入）········· 適量

A
┌ 韓式辣醬 ·············· 1 大匙
│ 辣椒粉 ················· 1 小匙
│ 味醂 ················· 1 大匙
│ 醬油 ················· 2 大匙
│ 酒 ··················· 1 大匙
│ 蒜泥 ················· ½ 大匙
│ 麻油 ················· ½ 大匙
└ 胡椒 ··················· 少許

COLUMN

柊柏的料理受歡迎的原因

　　本劇的虛構背景——盛產梭子蟹的邕山，是一座位於西海岸的港都。實際拍攝地主要是東海岸的浦頂，盛產松葉蟹。因此第14集柊柏母親搭計程車的畫面中，有拍到松葉蟹的招牌。

　　然而，劇中柊柏很少製作西海岸料理。除了慶尚道口味的辣炒豬肉外，劇中還出現了東海岸的名產涼拌螺肉、涼拌鰈魚，以及南海岸的生海螺。或許對於吃慣西海岸料理的客人來說，這種不使用當地食材的罕見餐飲店反而獨具魅力呢！

第14集的拍攝地「浦頂」

1. 先將醬料**A**拌勻，用來抓醃碎豬肉。

2. 將洋蔥切成5公釐的薄片、大蔥斜切。

3. 切除韓國芝麻葉的梗，葉子部分切絲。紅辣椒斜切備用。

4. 將沙拉油倒入鍋中，並以中火拌炒豬肉，上色後加入洋蔥拌炒。待洋蔥變透明後，加入水並轉大火。

5. 水滾後轉中火，煮約5分鐘。加入大蔥後再煮至沸騰。

6. 盛入容器，並撒上韓國芝麻葉和辣椒作為點綴。

在豬肉中加入醬料**A**，進行抓醃。

去除韓國芝麻葉的梗，並將葉子切絲。

完成

《山茶花開時》

讓愛意慢慢
滋長的韓式餃子

熱騰騰！
暖呼呼！！

料理時間	約**40**分鐘
難易度	★★★★★

천천히
따끈해요~♡♡

勇識的心意
終於得到回應了嗎？

登場集數...

第 7 集

大人的戀愛是
細火慢燉

柊柏和勇識在市場裡的小店吃餃子。
雖然柊柏未答應與勇識交往，但提議
兩人之間的感情「不應像一口氣燃燒
的烈火，而應該慢慢加溫。」讓兩人的
關係突破了友情的界線。就像餃子一
樣，雖沒下鍋煮，卻仍能藉由蒸氣變
得暖呼呼的。

勇識最愛的「韓式餃子」

韓式餃子不僅可以用蒸的，第10集中山茶花酒吧還推出了餃子湯、餃子鍋等各種新菜色。

食材（2人份）

- 木綿豆腐 ·················· 50g
- 豆芽 ······················· 200g
- 韭菜 ························· 2根
- 豬絞肉 ····················· 100g
- 餃子皮（大張） ·········· 10張

A
- 醬油 ···················· ½大匙
- 砂糖 ···················· ¼大匙
- 胡椒 ······················ 少許
- 蒜泥 ···················· 1茶匙
- 芝麻粉 ·················· ¼大匙
- 麻油 ···················· ¼大匙

B
- 醬油 ···················· 1大匙
- 醋 ······················· 1大匙
- 砂糖 ···················· ½大匙

COLUMN

絕配組合

最後一集中，勇識在山茶花酒吧前開起了攤販，賣的就是新創料理「炒豬肉餃子」。招牌上的宣傳文字寫著：「新菜色的餡料是柊柏做的炒豬肉，皮是粉絲（勇識）做的。絕配組合炒豬肉餃子開賣！」將柊柏的拿手好菜炒豬肉作為餡料，做成勇識最愛的韓式餃子，令人不禁會心一笑。

此外，劇中特地使用了「환장（換腸）」這個韓文單字來表現「絕配」之意。直譯是「腸子翻過來」的意思，用來強調發生不得了的事，可藉此表示非常開心以致大腦失去理智（也可用來形容壞事）。

雖說這道炒豬肉餃子更像是王餃子，但仍是勇識的心頭好。第5集中，勇識也曾約柊柏去濟扶島吃王餃子。

1. 用廚房紙巾包著木綿豆腐，並以重物壓10分鐘，吸乾水氣。

2. 洗淨豆芽後直接放入耐熱容器中，包上保鮮膜，放入600w的微波爐中加熱3分鐘。放入濾網，待冷卻後切段、吸乾水氣。然後將韭菜切段。

3. 將豬絞肉、木綿豆腐、步驟2切好的豆芽放入碗中，並加入事先攪拌均勻的醬料A，進行抓醃，完成餡料。

4. 將步驟3做好的餡料放在餃子皮上，並如下圖步驟包餃子，然後放入蒸籠中。

5. 在蒸籠下層加水並開大火，直到水滾後轉中火。用蓋子蓋住放餃子的蒸籠上層。蒸10分鐘左右後便完成了。混合B做沾醬。

4

將餡料放在餃子皮上。

包成半月狀。

翻面。

讓餃子角與角相連。

包好韓式餃子了。

完成

《孤單又燦爛的神－鬼怪》

為恩倬慶祝的海帶湯

希望恩倬能早日得到幸福⋯⋯

料理時間	約 **25**分鐘
難易度	★☆☆☆☆

韓式海帶湯
放了滿滿的牛肉！

登場集數…

第**1**集

為慶祝自己生日
而做的海帶湯

在阿姨家寄人籬下的恩倬，生日時為自己煮了一碗海帶湯。貪圖恩倬亡母保險金的阿姨別說是幫忙慶祝了，對恩倬的態度更是極其惡劣。在恩倬離家跑到海邊哭泣時，金信（鬼怪）突然出現，這就是兩人的相遇。

도깨비

生日必吃的「海帶湯」

韓國人生產後習慣喝海帶湯，因此在生日這天，也會喝海帶湯以表達對母親的感謝。多半是由別人煮海帶湯來為自己慶祝，因此自己煮湯、自己慶祝更顯孤單。

食材（2人份）

- 乾燥海帶 ………………… 5g
- 碎牛肉 …………………… 50g
- 蒜泥 ……………………… ½茶匙
- 麻油 ……………………… ¼大匙
- 水 ………………………… 400㎖
- 魚露 ……………………… ½大匙
- 醬油 ……………………… ½大匙
- 鹽 ………………………… 少許

作法

1. 將事先以水泡開的乾燥海帶放入濾網，瀝乾水分。

2. 將碎牛肉剪成一口大小。

3. 將麻油倒入鍋中，並以中火拌炒牛肉。待牛肉變色後，加入海帶一同拌炒。接著加入水、魚露、蒜泥，並轉為大火，待煮滾後轉為中小火，燉煮10分鐘左右。

4. 加入醬油，用鹽稍作調味後盛盤。

2

用剪刀將牛肉剪成一口大小。

完成

COLUMN

恩倬親手製作，
鬼怪最愛的料理

　　恩倬才高中就善於下廚。第10集中，恩倬除了做年糕湯慶祝新年外，同時還做了一道蕎麥涼粉。在韓國有著鬼怪（民俗中的一種鬼神）喜歡蕎麥涼粉的傳說，而編劇金銀淑將這個傳說編入腳本，安排了幾幕令人印象深刻的場景。

　　第1集，金信送給恩倬的花束即為蕎麥花（花語為戀人）；第5集，恩倬要金信送她的娃娃就是蕎麥君；第6集，恩倬唸合約的背景以及在劇中反覆出現的場景則是蕎麥田。

　　傳說中鬼怪也愛吃肉喝酒，因此劇中有許多吃牛排、喝啤酒的畫面。第3集中，死神之所以會在地墊上用馬血寫字報復鬼怪，也是出自鬼怪害怕馬血的傳說。

慶祝新年的年糕湯

蕎麥涼粉

《孤單又燦爛的神—鬼怪》

一個人吃的
不切飯捲

韓國人的
靈魂料理！

料理時間 約**40**分鐘
難易度 ★★★★★

도개비

總在恩倬感到難過時
出現的鬼怪…

登場集數…

第2集

流著淚大口吃飯捲的恩倬

恩倬用奇妙女性給的菠菜做成飯捲，之後卻和阿姨、表妹發生糾紛。就在恩倬離家、邊哭邊吃著飯捲時，金信出現了，於是兩人一起在夜裡散步。

最適合用來帶便當的「韓式飯捲」

韓式飯捲的飯以麻油和鹽調味，而不是醋飯。加入許多配料的飯捲，最適合作為遠足時的便當。韓國的攤販和小吃店也常見飯捲的身影。加入起司或鮪魚也很美味！

食材（2捲份）

A		
菠菜	……………	½ 把
麻油	……………	1 茶匙
鹽	……………	一小撮

B		
白飯	……………	1 杯米
鹽	……………	½ 茶匙
麻油	……………	1 大匙
芝麻	……………	½ 大匙

C		
雞蛋	……………	1 顆
鹽	……………	一小撮
沙拉油	……………	1 茶匙

- 午餐肉 …………… 50g
- 蟹肉棒 …………… 6條
- 醃蘿蔔 …………… 50g
- 小黃瓜 …………… ½根
- 海苔 …………… 2片
- 麻油 …………… 2茶匙

COLUMN

想做「料多」版本嗎？

在韓國，母親做的飯捲是韓國人的共同回憶。飯捲和日本的飯糰扮演著相似的角色，雖然看起來大同小異，但每個家庭包的餡料不盡相同，反映著每個家庭成員的喜好。

然而母親過世的恩倬只能自己做飯捲，且冰箱裡只有小黃瓜、醃蘿蔔、蟹肉棒、煎蛋捲等少少的食材，只要是韓國人看到，都會感到淒涼。一般韓式飯捲都會加上條狀火腿或魚板等經典配料，因此本書介紹的食譜會比劇中來得豪華一些。想更忠於劇中食譜，可選擇不加午餐肉。

家庭版韓式飯捲

1. 先用 **A** 食材製成小菜。將菠菜根部切除,並切成5公分段後洗淨。將帶水的菠菜直接放入耐熱容器,並蓋上保鮮膜,以600w微波3分鐘。將水分吸乾後,加入鹽和麻油調味。

2. 將醃蘿蔔和小黃瓜切成符合海苔長度的條狀。

3. 將午餐肉切為條狀,加入平底鍋中以中火稍微煎過表面。

4. 用食材 **B** 製作飯捲要使用的飯。將鹽、麻油、芝麻加入飯中並切拌,等飯冷卻。

5. 用食材 **C** 製作煎蛋捲。將鹽加入雞蛋拌勻。熱沙拉油,並用鍋子煎細長的煎蛋捲,縱切為2等份。

6. 將海苔放在竹簾上,上端留1公分,鋪上薄薄一層飯,並放上各半份的煎蛋捲、菠菜小菜、醃蘿蔔、小黃瓜、午餐肉、蟹肉棒。

7. 手指按著料,將竹簾從自己的方向開始捲。快捲好時,要讓接合處置於下方,並用手將飯捲壓成圓形。接著在海苔表面塗麻油,使飯捲呈現光澤,再切成方便食用的大小並盛盤。

1

將水擠乾。

6

鋪好餡料,開始捲竹簾。

菠菜也可當作常備菜。

完成

從未吃過泡麵的大少爺英俊…

加入泡菜，
美味度瞬間提升！

《金祕書為何那樣》
熱戀的泡菜泡麵

| 料理時間 | 約 **10** 分鐘 |

難易度 ★☆☆☆☆

登場集數…

第 **5** 集

因為那份貼心，使泡麵變得更美味

英俊因為和哥哥打架，導致嘴角受傷。微笑帶他到家中消毒傷口，並告訴英俊：「當心情低落時，吃碗辛辣的泡麵會感覺好很多。」英俊原本很排斥化學添加物，所以這是他第一次吃泡麵，竟意外地美味。

超速配的「泡菜泡麵」

微笑表示「泡麵和泡菜配著一起吃，美味度會加倍」，並在英俊的泡麵上放了泡菜。這個組合的確無敵，無論是配著吃或加在一起煮，都非常美味。

食材（1人份）

- 辛拉麵 ·························· 1包
- 水 ···························· 550㎖
- 雞蛋 ·························· 1顆
- 白菜泡菜 ····················· 30g
- 蔥花 ························· 1大匙

作法

1. 將水加入鍋中開大火，待水滾後加入泡麵、粉包、乾燥蔬菜包。以中火煮4分鐘後，打入雞蛋並煮1分鐘。

2. 將麵盛入碗中，鋪上白菜泡菜和蔥花。

完成

可加入
各種配料！

泡菜

起司 　　　　片狀年糕

正如第14集中微笑所說，在泡麵中加入冷凍餃子也相當好吃！而實際上，飾演英俊的朴敘俊也有拍攝冷凍餃子的廣告。

COLUMN

泡麵的正確吃法

　　第7集公司辦戶外研討會時，眾人在食堂聊到了吃泡麵是女性挑逗男性的經典台詞。其實這句話原本出自於2001年上映的電影《春逝》，後來演變為搞笑藝人時常在綜藝節目中使用的哏。本書中所介紹的《愛的迫降》第11集中，具承俊和徐丹一起吃泡麵時，也曾提到「泡麵具有社會賦予的意義」。

　　交往前怦然心動的感覺，固然是泡麵變得美味的原因之一，但對英俊來說，吃泡麵本來就是一種很新奇的體驗。除了吃泡麵配泡菜，第8集中還出現用杯麵蓋子當碗吃泡麵，這也是韓國特有的吃法。

　　這種吃法當然不合餐桌禮儀，但看到這一幕，任誰都會想試試看吧！

加入泡菜的泡麵

用杯麵蓋子當作碗

垃圾哥和七封，
你是哪一派？

韓國冬粉的口感
超滑溜！

《請回答1994》

新村下宿的
超大盤雜菜

登場集數…

第 **3** 集

大份量食物
代表韓國人的愛

早餐出現了超大份的雜菜。為了讓學生吃飽，下宿總是提供超大份的餐點。不僅白飯大碗，連魚板湯都用大碗公裝。其他還有烤魚、豆腐煎餅等豐富菜色。

응답하라 1994

經典家常菜「雜菜」

雜菜是一道加入蔬菜、香菇、冬粉拌炒的家常菜，時常出現在餐桌上。長長的冬粉象徵長壽，因此常用來祭祀祖先或慶祝。

食材（2人份）

● 韓國冬粉	100 g	
● 碎牛肉	100 g	
● 香菇	4 朵	
● 洋蔥	½ 顆	
● 胡蘿蔔	½ 根	
● 韭菜	2 根	
● 鹽	一小撮	
● 沙拉油	1 大匙	

A
醬油	2 大匙
砂糖	1 大匙

B
醬油	1 茶匙
砂糖	½ 大匙
蒜泥	½ 茶匙
麻油	½ 茶匙
胡椒	少許

COLUMN

別在吃飯時讀這篇！

接下來會談到關於排泄的事，請大家謹慎閱讀。由於雜菜的份量大，大家吃不完，導致前一天早餐時出現過的雜菜，又出現在隔天晚餐之中。東鎰因而說出「感覺會大出雜菜」這種不怎麼衛生的話。

若直譯這句台詞的韓文，其實是「好像會大出血腸」的意思，因為血腸是一種把冬粉塞在大腸中的料理。雖說形容得十分生動，卻讓人食慾盡失。

之後海太還說了「感覺雜菜在繁殖中」，也是一句饒富趣味的台詞。

血腸也會加入糯米與蔬菜

作法

1. 先個別混合醬料 **A**、**B**。並依包裝指示煮韓國冬粉。

2. 待韓國冬粉煮好後以水沖洗。瀝乾水分後以事先混合完畢的 **A** 調味。接著放入碗中,戴上手套抓醃。

3. 將香菇和洋蔥切薄片、胡蘿蔔切成 5 公分細絲,並將韭菜切成 5 公分段。

4. 將 1 大匙沙拉油倒入鍋中,並依照胡蘿蔔、洋蔥、香菇的順序加入鍋中拌炒。最後加入韭菜稍微炒過後關火,並加入一小撮鹽調味。然後裝盤備用。

5. 若碎牛肉長度較長,可用剪刀先剪過。將事先混合完畢的醬料 **B** 加入牛肉,並抓醃調味。將油倒入鍋中後,以中火將牛肉炒熟。

6. 在步驟 **5** 的鍋子中加入步驟 **4** 的蔬菜以及步驟 **2** 的韓國冬粉,炒到水分收乾後盛入容器。

讓韓國冬粉入味。

最後將所有食材炒在一起。

完成

《愛情的素描～請回答1988》

附煎香腸的韓式便當

懷舊的
純樸滋味！

料理時間 約 **30** 分鐘
難易度 ★★★☆☆

응답하라 1988

究竟味道如何呢？
善宇媽媽特製的煎香腸，

第 **4** 集

便當盒中是
滿滿的懷念滋味

午餐時間真是悲喜交織。東龍將叉子
伸向了善宇便當盒中的煎香腸，然而
善宇媽媽不善下廚，煎香腸吃起來不
但鹹，還混有蛋殼…

裝滿經典菜色的「韓式便當」

炒泡菜、炒魩仔魚、燉黑豆等都是當時最經典的便當菜色。從第13集中德善的歡呼可以看出，在當時荷包蛋和煎蛋都屬於比較特別的菜色。

食材（1人份）

- 白飯 …… 1人份
- 雞蛋 …… 1顆
- 沙拉油 …… ½大匙
- 韓國海苔 …… 適量

A
- 魩仔魚 …… 15g
- 蒜泥 …… 少許
- 醬油 …… ½茶匙
- 味醂 …… ½茶匙
- 沙拉油 …… ½茶匙

B
- 波隆那香腸 …… 50g
- 麵粉 …… 1大匙
- 蛋液 …… ½顆蛋
- 沙拉油 …… 1大匙

C
- 白菜泡菜 …… 50g
- 砂糖 …… ½茶匙
- 醬油 …… ½茶匙
- 沙拉油 …… ½大匙

COLUMN

在居酒屋中體驗穿越時空？

時至今日，韓國居酒屋的菜單中仍能看到「懷舊便當」這道菜。你可以選擇邊喝酒，邊品嚐便當中的小菜；也可以喝完一輪後來一份當收尾。而最正宗的吃法便是緊緊蓋上便當盒，像搖調酒一般搖便當，讓所有小菜和飯混合均勻後再食用（若未混勻，也可用湯匙攪拌）。

而煎香腸則是可以在專賣馬格利的居酒屋（傳統酒屋）中找到。雖然不一定能單點到這道菜色，但通常只要點「煎餅拼盤」，就會出現它的身影。對韓國人來說，煎餅拼盤也是一種懷舊的滋味。

煎餅拼盤

作法

1. 在鍋中倒入沙拉油,並將雞蛋打入鍋中做荷包蛋。

2. 用食材 **B** 製作煎香腸。將波隆那香腸切成1公分厚,撒上麵粉後裹上蛋液。將沙拉油倒入鍋中,以中火兩面煎香腸。

3. 用食材 **A** 製作炒魩仔魚。在鍋中倒入沙拉油,加入魩仔魚後輕輕翻炒。接著加入蒜泥、醬油、味醂,炒至水分蒸發。

4. 用食材 **C** 製作炒泡菜。在鍋中倒入沙拉油,以中火炒泡菜。待泡菜軟化後,加入砂糖和醬油調味。

5. 將白飯、煎香腸、炒魩仔魚、炒泡菜鋪在便當中,並將荷包蛋和撕碎的韓國海苔鋪在白飯上。

將波隆那香腸裹上蛋液。

在鍋子中兩面煎。

將砂糖、醬油加入泡菜拌炒。

完成

海鮮滿滿的韓式煎餅

餅皮
超Q彈！

料理時間 約 **20** 分鐘

難易度 ★★★☆☆

청춘기록

雖然煩惱，卻仍朝夢想勇往直前的彗峻超耀眼！

登場集數…

第 6 集

既然要煎餅，要不要也來點馬格利酒？

在彗峻和振宇父母一早享用煎餅的一幕中，振宇媽媽表示「吃煎餅就應該配馬格利酒」。但由於兩位爸爸還要上班，所以只配了橘子汁。此時在拍攝時傷到額頭的彗峻正好貼著OK繃回到家中。

每當下雨就想吃的「韓式煎餅」

正河和彗峻在一起時總是遇到雨天，第8集中正河甚至對彗峻說：「我們好像很會招雨。」韓國人認為煎煎餅聲和下雨聲很相似，因此常在下雨天吃煎餅配馬格利酒。

食材（2人份）

- 洋蔥（中） ⋯⋯⋯⋯⋯⋯⋯⋯ ½顆
- 細蔥 ⋯⋯⋯⋯⋯⋯⋯⋯⋯⋯ 3根
- 冷凍綜合海鮮 ⋯⋯⋯⋯⋯ 100g
- 鹽 ⋯⋯⋯⋯⋯⋯⋯⋯⋯⋯ 一小撮
- 沙拉油 ⋯⋯⋯⋯⋯⋯⋯⋯ 2大匙

A
- 天婦羅粉 ⋯⋯⋯⋯⋯⋯⋯ 100g
- 水 ⋯⋯⋯⋯⋯⋯⋯⋯⋯⋯ 150mℓ
- 鹽 ⋯⋯⋯⋯⋯⋯⋯⋯⋯⋯ ½茶匙
- 高湯粉 ⋯⋯⋯⋯⋯⋯⋯⋯ ½茶匙

B
- 醬油 ⋯⋯⋯⋯⋯⋯⋯⋯⋯ 1大匙
- 醋 ⋯⋯⋯⋯⋯⋯⋯⋯⋯⋯ 1大匙
- 砂糖 ⋯⋯⋯⋯⋯⋯⋯⋯⋯ ½大匙
- 芝麻 ⋯⋯⋯⋯⋯⋯⋯⋯⋯ ¼茶匙

作法

1. 解凍綜合海鮮，並以水沖洗。將水瀝乾後加鹽調味。

2. 將細蔥切成5公分段，並將洋蔥切成薄片。

3. 將**A**食材混合均勻後，加入洋蔥和細蔥，並充分攪拌均勻。

4. 將1大匙沙拉油倒入鍋中，並轉為中小火。用勺子撈起步驟**3**的粉漿，並繞著鍋子周圍加入鍋中，並鋪上海鮮。

5. 當一面煎至褐色後翻面。將1大匙沙拉油從鍋邊加入，待兩面皆呈褐色後盛盤。

完成

6. 將食材**B**混合均勻製成沾醬，倒入小碟子中。

彗峻親手做的料理
看起來超美味！

　　本書製作時《青春紀錄》仍未播完，因此很遺憾地無緣公開第10集中登場的彗峻手作料理食譜。在彗峻純熟的手法加持下，泡菜鍋看起實在是美味無比。

　　主菜烤豬五花也十分有模有樣。由於動用第1集中也曾登場的烤盤組，在家烤肉也能享受在店裡吃飯的氛圍。除此之外還準備了起司、麻糬、小番茄等豐富的食材，對吃法十分講究。

　　彗峻推薦的吃法，是在一片韓國芝麻葉上放一片烤過的豬肉，然後加上兩片綠色辣椒和一片生蒜片。這是一種經典吃法，能嚐到辛香料的滋味，使口味更加清爽。在這一幕中，彗峻包了一捲生菜包肉假裝要餵正河吃，最後卻自己一口吃掉。

　　正河則是在韓國海苔上放上豬肉，連同年糕一起捲著吃。雖然彗峻皺著眉說看起來很油膩，正河卻滿面笑容，說自己就喜歡這一味。這兩種吃法都非常推薦大家嘗試看看。

　　而鐵板上的起司，則是近年韓國休息站大受歡迎的小吃「烤起司」。這種起司烤過後，只有裡頭的起司會融化，外層不會完全融化，因此也不會黏在鐵板上。小吃攤在販賣時，通常會直接用竹籤串著烤，或用培根捲著烤。此外，也越來越多烤五花肉店開始將起司和烤肉一起烤。

　　《青春紀錄》的效應想必會持續延燒吧！繼起司辣炒雞、起司熱狗後，下一道大紅的起司料理想必就是這道了！

月娃特製
繽紛蛋捲

超香濃的
起司！

料理時間 約**20**分鐘

難易度 ★★★★★

쌍갑포차

SSANGGAP POCHA

쌍갑포차

쌍갑포차

真想和月娃姊訴說煩惱⋯

登場集數⋯

第 **9** 集

充滿蔬菜又五彩繽紛

被江培帶來攤販的女人，正在尋找15年前失蹤的兒子。月娃做了起司蛋捲款待，沒想到正好是當時年僅7歲就失蹤的小孩最愛的食物。月娃聽完事情原委後，決定要幫助女人尋找兒子。

超大份的經典「煎蛋捲」

韓式煎蛋捲會加入滿滿的料，除了蔬菜、起司，有時還會加入韓國海苔。特點在於份量很大，月妊製作煎蛋捲時就用了8顆蛋。在居酒屋中，大家大多會點來分食。

食材（2人份）

- 雞蛋 ················· 3顆
- 胡蘿蔔 ··············· ⅛根
- 洋蔥（中）··········· ⅛顆
- 紅椒 ················· ⅛顆
- 蔥花 ················· 1大匙
- 鹽 ··················· ½茶匙
- 起司片（切達）······· 1片
- 起司絲 ··············· 20g
- 沙拉油 ··············· 1大匙

作法

1. 將胡蘿蔔、洋蔥、紅椒切碎。並將起司片切成4等份。

2. 將雞蛋打入碗中，加入步驟1的胡蘿蔔、洋蔥、紅椒，和蔥花、鹽，一同攪拌均勻。

3. 將沙拉油倒入鍋中，用廚房紙巾塗抹鍋子。轉中火，將步驟2的⅓蛋液加入鍋中，並在上面鋪滿起司絲。待蛋熟了之後，把蛋捲成一捲。

將蛋液和食材充分攪拌均勻。

COLUMN

筆者推薦的前3名美味料理

第3名是第8集中的烤吐司。配料豐盛，除了月娃特製玉米煎蛋捲，還有火腿、起司、高麗菜絲和酸黃瓜。

第2名是第2集中的鹽烤鯖魚。這一集中充滿煩惱的女性是安東酒館的老闆娘，鹽烤鯖魚正是安東的名菜。劇中可以看到女人將鯖魚夾在網中、在冒著煙的爐子上碳烤的景象。

第1名則是第6集中的雞菓子。這是一道將炸雞與甜辣糖漿拌炒的料理。就如月娃所說，甜辣的糖漿裹在炸雞表面，冷卻後會將味道鎖在雞肉中，脆口美味。劇中用這道菜比喻人生，真是再貼切不過了。

雞菓子

4. 將步驟 **3** 捲好的蛋捲移到鍋邊，再倒入⅓的蛋液，然後在上面鋪上起司片。待蛋熟了之後，再如步驟 **3** 一樣捲蛋捲。最後將剩餘的蛋液倒入空鍋的部分，待蛋熟了之後，再度捲成蛋捲形狀。

5. 將蛋捲放上砧板斜切、盛盤。

5

斜切。

完成

就算是女演員，
偶爾也想吃炸雞配啤酒！

口感
超酥脆！

《來自星星的你》
下雪天必吃的
炸雞配啤酒！

料理時間　約**30**分鐘

難易度　★★★☆☆

罪惡的炸雞配啤酒！
以及與父親的回憶

炸雞與啤酒簡直是天作之合！韓國將兩者略稱為「치맥（chimaek）」，作為一種菜式。由於熱量超高，對女演員來說簡直是充滿罪惡感的食物。但對頌伊來說，這能喚起父親在下雪的日子裡為自己買炸雞回家的回憶。

變化萬千的韓國「雞肉料理」

舉凡炸雞、烤雞等，韓國有著各式各樣不同的雞肉料理。雞肉料理除了有許多專賣店之外，同時也是外賣的代名詞。裹上香辣醬汁的洋釀炸雞，也深受大家歡迎。

食材 (2人份)

- ●雞肉 雞翅 ···················· 3支
- ●雞肉 棒腿 ···················· 3支
- A ┌ 牛奶 ·················· 150㎖
  │ 天婦羅粉 ·········· 100g
  └ 鹽 ················ ½茶匙
- ●天婦羅粉 ··············· 150g
- ●鹽 ······················ 1茶匙
- ●胡椒 ····················· 少許
- ●蒜泥 ···················· 1大匙
- ●沙拉油 ·················· 適量

作法

1. 用清水洗淨兩種雞肉，並用廚房紙巾吸去多餘水分。接著用鹽、胡椒、蒜泥調味，放入冰箱靜置30分鐘。

2. 將天婦羅粉放入塑膠袋，並將步驟1的雞肉放入塑膠袋，充分裹粉。

3. 將步驟2裹好粉的雞肉加入事先在碗中混合完成的A中，並充分搓揉。

4. 將步驟3的雞肉放回步驟2的塑膠袋中。再次裹上天婦羅粉。

將雞肉放入，並充分裹粉。

再次將雞肉裹上天婦羅粉。

COLUMN

炸雞大國「韓國」

提到韓國最受歡迎的外食,非炸雞莫屬。從住宅區的個人小店到連鎖店,將近有87000多間的炸雞專賣店(2019年2月的數據。出自KB金融持股經營研究所的資料),數量甚至是韓國便利商店的2倍!

其中店鋪數量最多的連鎖店,則是《愛的迫降》、《孤單又燦爛的神—鬼怪》中置入的「bb.q」,分店高達1600多間。其他如「BHC」、「橋村炸雞」、「Mexicana」、「Hosigi兩隻雞」、「Goobne烤雞」等多家連鎖店的競爭也相當激烈。

而從第5集中頌伊吃外帶炸雞的畫面,以及最後一集中輝京帶來慰勞品的一幕,都可看見百力佳納的炸雞盒。這間知名連鎖炸雞店以發明了洋釀炸雞(以辣味醬料裹炸雞)聞名。由於店名被巧妙地遮蓋住,因此可以推斷應該不是置入性廣告,而是出自於工作人員的喜好。

5. 將沙拉油倒入鍋中,轉中火,待油溫上升後,將步驟4的雞肉加入鍋中。待整體顏色轉為金黃時,先取出放涼5分鐘。

6. 轉為大火,待油溫上升後,再將雞肉加入鍋中油炸,讓外皮更酥脆。

5

炸至雞肉呈現金黃色。

完成

配啤酒一起享用!

《她很漂亮》
惠珍請的小吃攤
辣炒年糕

甜辣Q彈！

料理時間 約**10**分鐘

難易度 ★★★★★

78

그녀는 예뻤다

和金記者一起去小吃攤，一定超開心！

登場集數…

第 **3** 集

一起去
填飽肚子吧！

信赫以自己幫助惠珍進入編輯部的名義，強迫惠珍請客。雖然過程中少不了拌嘴，但最終兩人還是一起去了小吃攤吃辣炒年糕。在吃魚糕時信赫不慎燙傷了舌頭，趕緊用醃蘿蔔冰敷。

小吃攤的經典「辣炒年糕」

辣炒年糕是一種以甜辣醬汁與年糕拌炒的小吃。在韓國路上隨處可見，肚子餓時可以直接站在攤子旁食用，還可以追加魚板、水煮蛋、泡麵等配料。

食材（2人份）

- 炒年糕專用年糕 ·········· 200g
- 水 ························· 200㎖
- 魚露 ······················· ¼ 大匙
- 魚板（也可用炸魚餅）········ 1 片

A
- 韓式辣醬 ···················· 1 大匙
- 醬油 ························· ¼ 大匙
- 砂糖 ························· ½ 大匙
- 味醂 ························· ½ 大匙
- 蒜泥 ························· 1 茶匙

作法

1. 事先用水浸泡年糕（非食材的 200㎖ 水）。

2. 先用熱水稍微沖洗魚板過油，並切為16等分。

3. 將水、魚露，以及事先混合好的醬料 **A** 加入鍋中後開大火。待沸騰後轉為中火，並加入年糕和魚板。煮3分鐘左右後關火盛盤。

先用水泡年糕。

沖洗魚板過油。

完成

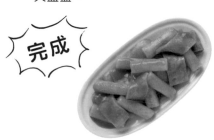

醃蘿蔔扮演的角色

醃蘿蔔的韓文發音為「Danmuji」（甜漬蘿蔔之意）。自日本傳入，因此以前會直接用日文發音「Takuan」來稱呼。醃蘿蔔和泡菜一樣，是一種小菜，可用來解膩。但也許是因為醃蘿蔔本身非韓式料理的緣故，比起傳統韓式料理，與中式和西式餐點等外國料理更搭。

像炸醬麵（P106）就少不了醃蘿蔔；咖哩飯、炸豬排也一定會有它。此外，或許是日本烏龍麵常搭配醃蘿蔔，韓國的麵食料理中也常出現醃蘿蔔。本劇中除了小吃攤，醃蘿蔔還出現在朝鮮冷麵店（第10集）、吃到飽餐廳（第14集）、義大利麵店（最後一集）中。

醃蘿蔔雖然是十分平易近人的食物，但與傳統韓式泡菜相比卻又顯得特別。或許就有點類似信赫在惠珍心中的地位吧！

韓國炸醬麵和豬排飯都會附的醃蘿蔔

甜蜜蜜
愛心泡菜炒飯

戳破蛋黃後
口感好濃郁！

料理時間 約 **20** 分鐘

難易度 ★★☆☆☆

希望兩人的夢想與
愛情都能開花結果！

用番茄醬畫出的愛

大川扇貝祭過後，東萬和愛羅之間的感情更進一步。東萬為了比賽進行體重過磅後，是愛羅做的泡菜炒飯療癒了他飢腸轆轆的肚子。和過去黏在鍋底的炒飯（東萬稱之為狗飼料）截然不同，上頭還用番茄醬畫上了愛心。

想要一起分享的「泡菜炒飯」

雖然陷入愛河後，才以番茄醬畫出充滿粉紅泡泡的愛心，但過去插著2根湯匙的泡菜炒飯也顯示出兩人的好感情。圍著鍋子一起挖著炒飯吃，讓食物更美味。

食材（1人份）

- 雞蛋 ···················· 1顆
- 白飯 ···················· 1碗
- 白菜泡菜 ················ 100g
- 砂糖 ················· ¼ 茶匙
- 沙拉油 ············· 1又 ½ 大匙
- 醬油 ················· ½ 茶匙
- 番茄醬 ·················· 適量
- 鹽 ····················· 適量
- 胡椒 ···················· 少許
- 芝麻 ···················· 適量

作法

1. 用剪刀將白菜泡菜剪碎。將 ½ 大匙沙拉油加入鍋中煎荷包蛋。

2. 將1大匙沙拉油加入鍋中，以中火稍稍拌炒白菜泡菜。

3. 將砂糖和白飯加入步驟 **2** 的炒鍋中，炒至米飯色澤均勻。接著加入醬油、鹽、胡椒拌炒調味。

將飯炒至均勻上色。

4. 將步驟 **3** 做好的炒飯放入碗中，然後將變成圓形的炒飯倒扣到盤子上。接著將荷包蛋擺到飯上，並用番茄醬在炒飯周圍畫上愛心。

用番茄醬畫上愛心。

COLUMN

將心意寄託於手作料理

在劇中，東萬等人所住的南日公寓位於首爾城東區玉水洞（實際拍攝地則為釜山的虎川村）。雖然經過開發後，現已成為高級大廈林立的區域，但在過去虎川村的斜坡上充滿低價住宅，可說是貧民區的代表。在韓國，貧民區也被稱為「月亮村」。之所以有此稱呼，是因向上延伸的斜坡感覺十分靠近月亮。從「南日Bar」向外眺望，也會發現月亮就近在眼前。欣賞著夜景搭配下酒菜和梅子酒，光想就覺得美味。

本劇中所出現的多道菜色都寄託了角色的情感。例如東萬餵爸爸吃荷包蛋蛋黃（第18集）；愛羅送惠蘭的雞蛋粥（第23集）；洙萬為雪熙做的韓式飯捲（第23集，P50）等畫面，都能看出這些親手做的料理，化解了棘手的人際關係。

食物可說是一種契機，就像愛羅送給房東的鯖魚湯（第23集）也是如此。由於愛羅的爸爸不善捕魚，只捕到僅僅一隻鯖魚。為此媽媽只好將鯖魚做成湯，讓大家分食，是一道充滿回憶的料理。

而事實上，在韓國鯖魚湯非常少見。鯖魚雖然算是常見魚種，但多用來燉煮或做成烤魚。一個人通常會吃到一隻（或一隻以上），很少人會加水煮成湯。

這道菜不僅體現了母親的機智，也可以看出這一家人雖然生活不盡完美，仍互相扶持著彼此。儘管無法真正品嚐到這道菜的滋味，但可以想像得出享用時於心裡流淌的暖意。

就是想吃
辣燉海鮮

滿滿
海鮮！

料理時間 約**20**分鐘
難易度 ★★★☆☆

即便孤身一人，
只要吃到美食，
便讓人心滿意足！

登場集數…

第 **1** 集

大盤子裡裝滿令人垂涎三尺的海鮮

水京與事務長介紹的男子前往了海鮮餐廳。然而男子卻因對甲殼類海鮮過敏而先行離去，扼腕的水京也只能放棄。後來兩人再次見面時男子釋出善意，請水京不用顧慮，自己只需吃小菜就夠了。完成了水京想吃辣燉海鮮的心願。

海鮮滿滿的「辣燉海鮮」

將梭子蟹、蝦、章魚等海鮮以辣味燉煮的一道料理。濃稠的醬汁沾附在海鮮上，像水京一樣毫無顧忌，把手指和嘴巴都吃到黏黏的更美味！

食材（2人份）

● 帶頭蝦 ························ 2 隻
● 冷凍魷魚 ····················· 100 g
● 冷凍貽貝 ····················· 4 個
● 章魚（蒸過）················· 100 g
● 水 ··························· 400 ㎖
● 魚露 ························· ½ 大匙
● 豆芽 ························· 200 g
● 大蔥 ························· ½ 根
● 芝麻 ························· ½ 茶匙
● 蔥花 ························· 1 大匙

● 鹽 ··························· 適量

A
┌ 辣椒粉 ······················ 1 大匙
│ 酒 ························· ½ 大匙
│ 蒜泥 ······················· ½ 大匙
│ 醬油 ························ 2 大匙
│ 砂糖 ······················· ½ 大匙
│ 胡椒 ························ 少許
└ 麻油 ························ ½ 大匙

B
┌ 太白粉 ······················ 2 大匙
└ 水 ·························· 2 大匙

COLUMN

筆者推薦的前3名美味料理

跟《雙甲路邊攤》一樣，我們也選出了本劇前3名看起來最美味的料理。

第3名是第2集中的乾菜燉鯖魚。乾菜指的是乾蘿蔔葉，只要加入湯和燉菜裡，就會吸附滿滿湯汁，非常美味。與帶有油脂的鯖魚更是絕配組合，真想立刻去大快朵頤一番。

第2名則是第7集中的烤鰻魚。在韓國，鰻魚的吃法就像烤肉一樣，會直接放在網子或鐵板上烤來吃。正如大英所說，吃鰻魚時必須配上生薑解除油膩。這一幕展現了大英對食物的精闢見解，也是本劇的亮點之一。

第1名則是第8集中水京媽媽親手做的料理。母親充滿愛的料理，味道想必不同凡響。包含加了田螺的味噌鍋、冬天才有的血蛤、牛肉和醬醃鵪鶉蛋（P30）。將燙口的烘蛋鋪上白飯拌著吃，也是必試的吃法之一！

作法

1. 將冷凍魷魚和冷凍貽貝解凍後，稍作沖洗。

2. 以牙籤挑掉帶頭蝦的腸泥，並用剪刀剪去蝦腳和蝦鬚。章魚則斜切成片狀。

3. 斜切大蔥。

4. 將水、魚露、豆芽以及事先混合均勻的醬料 **A** 加入鍋中，並開大火。待煮滾後蓋上鍋蓋，並轉中小火煮3分鐘左右。

5. 將帶頭蝦、魷魚、貽貝、章魚加入鍋中。待海鮮熟後，加入大蔥，並加入事先混合均勻的太白粉水 **B** 勾芡。以鹽調味後盛入容器，並撒上芝麻與蔥花。

用剪刀剪去蝦腳和蝦鬚。

用鍋子煮豆芽等食材。

完成

既然沒有獎金，
讓我吃個部隊鍋
不為過吧？

《一起吃飯吧》

鋪滿想吃的料！
超豐盛部隊鍋

料理時間 約**30**分鐘

難易度 ★★★☆☆

碳水化合物攝取量
爆表!!

登場集數…
第 **5** 集

裝滿肉和麵的部隊鍋
還可以配飯吃!

由於主管說可以盡量點,水京加點了
午餐肉、烏龍麵、泡麵等配料。原本
心情大好的水京,在聽到部隊鍋就是
今年的獎金時,心情瞬間跌落谷底。
不過水京隨即轉念,既然如此當然要
吃個夠本。

식샤를 합시다

以軍餉製作的火鍋「部隊鍋」

部隊鍋的起源眾說紛紜。其中一說是韓戰過後，人們利用駐韓美軍剩餘的香腸、午餐肉等罐頭，製成韓式鍋類料理。

食材（2人份）

- 水 ⋯⋯⋯⋯⋯⋯⋯⋯ 800㎖
- 魚露 ⋯⋯⋯⋯⋯⋯⋯ 1大匙
- 綜合絞肉 ⋯⋯⋯⋯⋯ 50g
- 白菜泡菜 ⋯⋯⋯⋯⋯ 50g
- 沙拉油 ⋯⋯⋯⋯⋯⋯ ½大匙
- 午餐肉 ⋯⋯⋯⋯⋯⋯ 100g
- 維也納香腸 ⋯⋯⋯⋯ 4根
- 片狀年糕 ⋯⋯⋯⋯⋯ 50g
- 蔥花 ⋯⋯⋯⋯⋯⋯⋯ 2大匙
- 大蔥（蔥絲）⋯⋯⋯⋯ 適量

- 泡麵（純麵條）⋯⋯⋯ 1包
- 冷凍稻庭烏龍麵 ⋯⋯ 1球
- 鹽 ⋯⋯⋯⋯⋯⋯⋯⋯ 適量
- 白飯 ⋯⋯⋯⋯⋯⋯⋯ 適量

A
- 辣椒粉 ⋯⋯⋯⋯⋯⋯ 2大匙
- 醬油 ⋯⋯⋯⋯⋯⋯⋯ 1大匙
- 蒜泥 ⋯⋯⋯⋯⋯⋯⋯ ½大匙
- 麻油 ⋯⋯⋯⋯⋯⋯⋯ ½大匙
- 胡椒 ⋯⋯⋯⋯⋯⋯⋯ 少許

COLUMN

吃部隊鍋不應該用碗裝？

看到水京直接將湯澆到飯上，度妍苦笑並表示應該要用碗裝。但其實水京的吃法才是正確的。部隊鍋的發源地——位於京畿道議政府市的「魚板食堂」在盛飯時會使用較大的飯碗，並刻意在碗裡留一些空間，不添滿飯。如此一來，才有空間將部隊鍋的料放入碗中，與白飯一起享用。

香腸、午餐肉與熟成泡菜一同燉煮後非常下飯。雖然現在的部隊鍋都會配泡麵，但其實韓國直到1963年才出現第一包本國泡麵，遠不及部隊鍋的歷史。部隊鍋真正的主食是白飯，泡麵只是配料而已。

魚板食堂的白飯

作法

1. 將午餐肉切成一口大小，並把維也納香腸斜切成一半。

2. 將沙拉油倒入鍋中，並轉中火。加入絞肉和白菜泡菜拌炒。

3. 接著加入水、魚露以及事先調好的醬料 A 後轉大火。待煮滾後蓋上鍋蓋，轉中小火煮10分鐘左右。

4. 將午餐肉、維也納香腸、年糕、泡麵、稻庭烏龍麵一同放入鍋中，並轉大火。

5. 待煮滾後轉中火，並將麵條煮至自己喜歡的口感。依喜好加入鹽巴調味，並將蔥花和蔥絲加入鍋中，然後盛飯。

拌炒泡菜與絞肉。

將鍋中的料排整齊。

完成

原來對世子來說，
樂溫才是特效藥嗎？

酥酥鬆鬆的
口感！

《雲畫的月光》

世子的特效藥？
迷你藥菓

| 料理時間 | 約 **20** 分鐘 |
| 難易度 | ★★★☆☆ |

香甜濃郁的
迷人甜點

李祘開始代理王的職務後,卻遭大臣反彈。樂溫送上藥菓,並告訴李祘:「生氣時吃甜食能排解情緒。」但對李祘來說,樂溫的話似乎更有用,反而笑著將藥菓放入樂溫口中。

韓國傳統點心「藥菓」

藥菓是一種加入蜂蜜、麻油等高營養價值食材的傳統點心，因有如良藥而得名。第6集中，李韺的妹妹努力忍著不吃藥菓的畫面，就能看出藥菓是減肥的大敵。

食材（2人份）

- 高筋麵粉 ················ 75g
- 低筋麵粉 ················ 75g
- 鹽 ················ ¼茶匙
- 麻油 ················ 1又½大匙
- 酒 ················ 2又½大匙
- 蜂蜜 ················ 1大匙
- 沙拉油 ················ 適量
- 松子（配料） ················ 適量
- 葵花子（配料） ················ 適量

- 紅棗（配料） ················ 適量

A
- 薑泥 ················ 1茶匙
- 水 ················ 50㎖
- 鹽 ················ 一小撮
- 蜂蜜 ················ 50㎖

COLUMN

史實中也曾出現的藥菓

朝鮮時代，宮中有個名叫「生果房」的單位，負責準備點心、水果、傳統茶品。以蜂蜜、麻油、松子等食材製作的藥菓，是一種相當具代表性的高級宮廷點心，深受皇宮貴族喜愛。於本劇中宴會、品茶的畫面也曾多次登場。

劇中主角李韺是歷史人物孝明世子（朝鮮王朝第23代君主純祖的長子）。第4集中，李韺為了迎接中國使者及慶祝純祖生日所辦的宴席，也是1829年的史實。根據宮中紀錄「純祖己丑，進饌儀軌」中可以得知，純祖和孝明世子的膳食中有小藥菓（尺寸較小的藥菓）、軟藥菓（口感較柔軟的藥菓）這兩種藥菓。

雖然不知兩人是否確實有食用，又或是給了身旁的人。但既然出現在特別的宴席中，代表藥菓可能是某個與會人士的心頭好。

作法

1. 將高筋麵粉、低筋麵粉、鹽、麻油、酒、蜂蜜加入碗中揉和，並將麵團靜置30分鐘左右。

2. 將食材 A 放入鍋中混合均勻，並開中小火。加熱5分鐘的同時，時不時攪拌，待水剩一半左右後關火。

3. 用桿麵棍將步驟 1 的麵團桿成5公釐左右的厚度，接著用模具壓出形狀。為了讓麵團能熟透，在中央以牙籤先戳幾個洞。

4. 在鍋中加入沙拉油，轉小火，將用模具壓出的造型麵團加入鍋中油炸。待麵團浮起來後轉中小火，並一邊翻面，直到麵團兩面皆呈現褐色。

5. 瀝乾藥菓的油後，加入步驟 2 的鍋中裹上糖漿。最後盛盤，加上喜歡的配料。

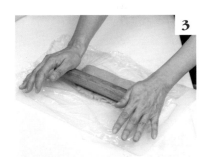

用桿麵棍將麵團桿成5公釐厚。

轉小火時，再將麵團放入鍋中。

將麵團兩面炸至褐色。

完成

《我叫金三順》

讓人難以抗拒…
深夜的韓式拌飯

減肥是明天的事！

料理時間	約 **30** 分鐘
難易度	★★★☆☆

내 이름은 김삼순

登場集數⋯

第 **11** 集

碳水化合物
果然美味

三順離職後決定認真減肥，只能瞪著分食韓式拌飯的媽媽和姊姊，大啃牛排，表示碳水化合物是減肥大忌。但最後還是半夜喝著燒酒，配韓式拌飯吃。此時，振軒卻打了電話過來⋯

這就是天國味道！
（三順的看法）

用銅盆享用的「韓式拌飯」

在本劇裡，韓式拌飯直接裝在料理用的銅盆中登場。只要將白飯與平時常見的小菜、韓式辣醬加入銅盆中拌勻，一道韓式拌飯就完成了。很適合與家人一同分享。

食材（2人份）

- 白飯 ……………………… 2人份
- 豆芽 ………………………… ½包
- 菠菜 ………………………… ½把
- 雞蛋 ………………………… 2顆
- 胡蘿蔔（中） ……………… ½根
- 鹽 ………………………… 適量
- 碎牛肉 …………………… 100g
- 泡菜 ……………………… 100g
- 麻油 ……………………… 1大匙

- 芝麻 ……………………… ½大匙
- 韓式辣醬 ………………… 適量

A
- 醬油 ……………………… 1茶匙
- 砂糖 ……………………… ½茶匙
- 蒜泥 ……………………… ½茶匙
- 麻油 ……………………… ½茶匙
- 胡椒 ……………………… 少許

COLUMN

金三順的功勞

《我叫金三順》於2005年播出，大結局收視率高達50％，是一部傳奇性的作品。現在看來除了劇情外，該劇也忠實地呈現了當時的社會風貌，十分有趣。像是時不時在劇中出現的紅酒、現榨果汁、李主廚和二英約會時的魚板攤等等，都象徵著那個時代的流行。

　在當時，三順所從事的甜點師職業十分罕見。雖然現在韓國到處都是吸睛的甜點，但那個年代赴海外進修的人可說是少之又少。由於本劇爆紅，讓大家開始關注甜點。加上2007年播出的《咖啡王子一號店》，在韓國引起一股咖啡廳旋風。2010年的《麵包王金卓求》的烘焙坊風潮則接續著這股熱潮，使韓國的麵包、甜點水準大大提升。雖說韓劇總是能帶動風潮，但提到韓國飲食文化，本劇絕對是重要的轉捩點之一。

1. 洗淨豆芽後直接放入耐熱容器中,與一小撮鹽均勻混合,並以600w微波爐微波3分鐘左右。接著放入濾網,瀝乾水分,待冷卻後加入½茶匙的麻油混合。

2. 將胡蘿蔔洗淨後切成5公分絲狀。直接放入耐熱容器中,以600w微波爐微波3分鐘左右。接著放入濾網,瀝乾水分,待冷卻後加入½茶匙的麻油與一小撮鹽巴混合。

3. 將菠菜洗淨後切成5公分段。直接放入耐熱容器中,以600w微波爐微波3分鐘左右。接著放入濾網,瀝乾水分,待冷卻後加入½茶匙的麻油與一小撮鹽巴混合。

4. 將沙拉油加入鍋中加熱,並將蛋打入鍋中煎荷包蛋。

5. 將碎牛肉切為一口大小,並用事先調好的醬料A抓醃調味。待入味後,加入鍋中以中火炒至全熟。

6. 將飯盛入容器中,將步驟1至3製作的豆芽小菜、胡蘿蔔小菜、菠菜小菜、牛肉、泡菜鋪在飯上。最後將剩下的麻油淋上,撒上芝麻。並依自己喜好加入韓式辣醬。

用麻油和鹽調味。

完成

剩下的小菜
也可當作
常備菜!

《花郎》
風月主最愛的
香脆鍋巴

簡單又
香氣撲鼻！

料理時間 約 **15** 分鐘

難易度 ★☆☆☆☆

香氣四溢的鍋巴 最適合當點心！

鍋巴是風月主（魏花）的心頭好，喜歡到會隨身帶著鍋巴的程度，因此劇中時不時出現鍋巴。例如在第14集中，風月主向帶著鍋巴出現的皮主奇（多易書的主人）抱怨鍋巴不夠吃；第16集中，則為了在正中午喝一杯，而把鍋巴拿來餵魚吃。

風月主隨身攜帶的
就是這個！

화랑

吃法多變的「鍋巴」

黏在鍋底的鍋巴，香氣十足。在韓國，無論是可當點心直接吃，還是需加入熱水食用的鍋巴，都稱為「누룽지（Nurungji）」。也可煮成好消化的粥，或做成鍋巴茶。

食材（2人份）

● 白飯 ································ 150 g

作法

1. 在煎鍋中鋪一層薄薄的白飯，並轉中火。用鏟子壓平白飯，煎至兩面上色。

一面煎，一面用鏟子按壓白飯。

完成

COLUMN

鍋巴的象徵意義

鍋巴起源自真興王12年（西元551年），當時正處於新羅飲食文化發生巨大改變的時期。

528年，前任法興王（真興王的伯父）引進佛教。並依據教義，祭出不得殺生的禁令，人們無法再以狩獵動物為食。為補足糧食上的缺口，農業的重要性日漸提升，除了白米與小麥之外，小米等雜糧類作物也開始增產。

即便如此，在那個年代米仍是非常珍貴的作物，只有富裕的貴族得以享用。更不用說將白米煎得焦脆後食用，實屬奢侈。雖說劇中鍋巴不離口的風月主與皮主奇的片段相當逗趣，但其實從飲食文化脈絡來看，便能明白鍋巴是一種象徵崇高身分的食品。

而在劇中「手打粕手」茶館的幾幕中，時不時出現的葡萄，也是從西域經中國輸入韓國的珍稀之一，是一種富裕的象徵。

而對這個時代而言，鍋巴是很好取得的零食之一。帶有一股懷舊感，常用來表現家的氛圍。

本書收錄的韓劇中，也有幾幕與鍋巴有關、且令人印象深刻的場景。如《愛的迫降》第4集中，身處北韓的尹世理就在鍋巴上撒著砂糖吃；《機智醫生生活》第10集中也有頌和及翊晙把鍋巴湯當作早餐吃的畫面。頌和徹夜照顧發燒的羽朱，然後和執完夜班的翊晙兩人一起吃鍋巴湯的畫面，彷彿一對夫妻，令人看了整個心都暖洋洋的。

韓國中華料理
經典菜色!

《油膩的Melo》

排成愛心的
青豆炸醬麵

料理時間 約 **25**分鐘

難易度 ★★★☆☆

片頭

韓國人的最愛

賽優在愛馬「小子」旁吃著炸醬麵，小子的嘴巴也跟著一起動，大概是正在吃著牠最愛的醃蘿蔔吧！排成心型的青豆依序發光後，帶到油菜花田的畫面，風和七星將手中的碗遞出去後，故事就開始了。

韓國人的國民美食「炸醬麵」

炸醬麵是韓式中華料理中的代表菜色，堪稱外食、外賣的代名詞。第6集中，風說出「有不喜歡炸醬麵的韓國人嗎？」，顯示炸醬麵是深受男女老幼喜愛的料理。

食材（1人份）

- 洋蔥（中）⋯⋯⋯⋯⋯ ½顆
- 青豆（罐頭）⋯⋯⋯⋯ 適量
- 碎豬肉 ⋯⋯⋯⋯⋯⋯ 100g
- 沙拉油 ⋯⋯⋯⋯⋯⋯ ½大匙
- 水 ⋯⋯⋯⋯⋯⋯⋯ 200㎖
- 鹽 ⋯⋯⋯⋯⋯⋯⋯ 適量
- 甜麵醬 ⋯⋯⋯⋯ 1又½大匙
- 醬油 ⋯⋯⋯⋯⋯⋯ 1大匙
- 味醂 ⋯⋯⋯⋯⋯⋯ ½大匙
- 砂糖 ⋯⋯⋯⋯⋯⋯ ½大匙
- 蒜泥 ⋯⋯⋯⋯⋯⋯ 1茶匙
- 薑泥 ⋯⋯⋯⋯⋯⋯ ½茶匙
- 太白粉 ⋯⋯⋯⋯⋯ ½大匙
- 水 ⋯⋯⋯⋯⋯⋯⋯ ½大匙
- 冷凍稻庭烏龍麵 ⋯⋯ 1球

作法

1. 將洋蔥切丁，並將碎豬肉切成1公分大小。

2. 將1大匙沙拉油加入鍋中加熱，並加入豬肉、蒜泥、薑泥以中火拌炒後加入洋蔥。接著加入甜麵醬拌炒，並加入水、醬油、味醂、砂糖後轉大火。待煮滾後轉中火，煮3分鐘左右。

3. 將太白粉和½大匙的水混合成太白粉水。沿著鍋緣加入勾芡，並加鹽調味。

將洋蔥切丁。

COLUMN

到韓國一定要吃看看！

本劇中出現了各式各樣的炸醬麵。第17集試吃對決中，春秀用鮭魚做麵條，風則用豬油的香氣做出八色炸醬麵。雖然這兩道料理看起來都非常可口，但在韓國一般的專賣店中應該很難找到。

第7集中，賽優向風點的主廚推薦料理「三鮮乾炸醬麵」反而比較容易有機會看到。三鮮代表3種魚貝類；乾炸醬則是沒有勾芡的炸醬麵，這種作法更能突顯食材炒過後的香氣。有些店甚至還會在上面加上一個荷包蛋。若大家去韓國的中華料理店，不妨試著找找看這道菜。

三鮮乾炸醬麵

4. 將冷凍稻庭烏龍麵以600 w 微波爐微波3分鐘。

5. 將步驟4煮好的麵盛入容器中，並倒入步驟3做好的炸醬。最後用青豆在麵上排列出愛心的形狀。

完成

後記

多虧寫這本書，我欣賞了很多部韓劇。在湯品與鍋物的食譜中幾乎都有出現「魚露」。魚露是一種自然的發酵調味料，能輕鬆帶出料理的鮮味與層次，我自己也常會使用。而在考慮是否要將藥菓放入本書中時，我其實很擔心這道料理會不會太高難度。因為無論是揉麵方式還是油炸溫度，都必須非常小心拿捏。但沒想到才試做兩次，就做出了相當道地的味道，心中的喜悅難以形容。在整段拍攝過程中，我還發現原來八田靖史老師很會洗碗，在拍攝時可是幫了我一個大忙。最後我要謝謝黑田編輯，讓我實現了出書的夢想。

本田朋美（韓式料理研究家）

雖然長年從事與韓國有關的工作，但我的專長在於美食這塊，幾乎沒看過什麼韓劇。沒想到這樣的我竟然變了。由於待在家裡的時間變長，我看了《愛的迫降》，並深陷其中。現在的我只要一有空就會看韓劇，韓劇中一出現有關食物的畫面，我就會立刻做筆記。看完韓劇後，還會接著調查拍攝地點、研究飲食文化背景，並試著找出每一道料理與劇情的連結，真的非常開心。我想在這裡感謝給我這個寶貴機會的黑田編輯！

八田靖史（韓式料理專欄作家）

感謝與本書相遇的您！

要重新用插畫的方式畫出演員實在不簡單，但能用工作的名目看韓劇中的經典畫面，讓我感到非常幸福。

我一直很想做與韓劇相關的工作，因為本書終於有這個機會，真的非常開心！

西村オコ（插畫家）

拍攝時，大家一直在聊韓國的相關資訊，真的非常愉快。食譜中所使用的食材方便準備，製作難度也不高，感覺連我也做得出來！真想一邊享受韓劇，一邊吃這些料理！

林 ユバ（攝影師）

在拍攝時可以感受到工作人員們對於劇中料理的愛，拍攝時真的相當愉快。

本書食譜除了能一個人做，還能號召同好一起做，是一本充滿歡樂的食譜。

中川幸子（食物造型師）

由於我非常喜歡品嚐美食，所以這對我來說是一份非常開心的工作。找到好多想看的韓劇！（橫山）

我負責設計食譜頁面！歡迎大家一起跟著食譜一起做做看喔！（藤）

橫山みさと＋藤 星夏（設計師）

【作者】本田朋美

韓國料理研究家，慶尚北道聞慶市觀光宣傳大使。自2009年開始舉辦料理教室、講座，學生人數已超過1500位。目前透過擔任韓國餐廳的顧問、提供企業食譜、籌劃與舉辦活動和美食旅行團、寫文章、製造及販賣商品、上節目等等，宣傳韓國料理的魅力。同時經營部落格「本田朋美のコリアンワールド」，及YouTube頻道「こりあんふーどチャンネル」。本書中最推薦的菜色是《雲畫的月光》中的迷你藥菓！

【作者】八田靖史

韓國料理專欄作家，慶尚北道與慶尚北道榮洲市的觀光宣傳大使，韓文能力檢定協會理事。1999年赴韓留學，從此深陷韓國料裡的魅力之中。為了宣傳韓國料理的魅力，自2001年起開始在雜誌、報紙、網路上寫文章。最近除了訪談、演講之外，也開始擔任企業顧問、籌劃韓國美食旅行團。擁有《目からウロコのハングル練習帳》（学研）、《韓国行ったらこれ食べよう！》、《韓国かあさんの味とレシピ》（誠文堂新光社）等多本著作。並為熱愛韓國料理的人架設了「韓食生活」網站（https://www.kansyoku-life.com/）、YouTube頻道「八田靖史の韓食動画」。本書中最推薦的菜色是《山茶花開時》中的辣炒豬肉！

【插畫】西村オコ

插畫家，主要從事書籍封面設計及插畫的工作。因《冬季戀歌》而愛上韓劇，至今已觀賞超過270部韓劇。最喜歡讓人看了會感到開心，或出現食物的韓劇。本書中最想吃的菜色是《機智醫生生活》中的雞蛋三明治！

【照片】林 ユバ

攝影師，最喜歡拍攝美食，以及和很棒的人們一起拍攝。對世界各地文化抱持濃厚的興趣，也深陷在韓劇的魅力之中。本書中最推薦的菜色是《梨泰院Class》中的甜栗嫩豆腐鍋。想起劇中情節時總會心跳加速，好想再看一次！

【造型師】中川幸子

食物造型師，主要的工作領域為廣告和書籍。非常喜歡韓國料理，其中又屬家庭料理最深得我心。本書中最推薦的菜色是《雖然是精神病但沒關係》中的醬醃鵪鶉蛋。

【協力】CJ FOODS JAPAN、ユウキ食品株式会社

ANO MEI SCENE O TABERU! KANKOKU DRAMA SHOKUDO
© Tomomi Honda, Yasushi Hatta 2020
Original Japanese edition published by EAST PRESS CO., LTD.
Chinese translation rights in complex characters arranged with
EAST PRESS CO., LTD. through Japan UNI Agency, Inc., Tokyo

韓劇食堂
享用名場面料理，打開浪漫味蕾

出　　　版／楓書坊文化出版社
地　　　址／新北市板橋區信義路163巷3號10樓
郵 政 劃 撥／19907596 楓書坊文化出版社
網　　　址／www.maplebook.com.tw
電　　　話／02-2957-6096
傳　　　真／02-2957-6435
翻　　　譯／李婉寧
責 任 編 輯／邱凱蓉
內 文 排 版／楊亞容
港 澳 經 銷／泛華發行代理有限公司
定　　　價／350元
初 版 日 期／2023年11月

國家圖書館出版品預行編目資料

韓劇食堂：享用名場面料理，打開浪漫味
蕾／本田朋美, 八田靖史作；李婉寧譯. --
初版. -- 新北市：楓書坊文化出版社,
2023.11　面；　公分

ISBN 978-986-377-909-4（平裝）

1. 食譜 2. 韓國

427.132　　　　　　　　112016703